U0334082

"十二五"国家重点电子出版物规划项目
机电工程数字化手册系列

世界钢号数字化手册
——铸钢和铸铁

《袖珍世界钢号手册》编写组　编
机电工程数字化手册编制组　制作

机械工业出版社

本数字化手册较为系统地收录了中外铸钢和铸铁的品种规格、化学成分与力学性能等技术标准数据，包括世界各主要产钢国家或地区（中、日、韩、美、俄、德、英、法、瑞典及中国台湾地区）和 ISO 国际标准的各类铸钢和铸铁的产品，并提供了中外铸钢和铸铁表示方法，同类铸钢、铸铁的中外牌号对照及中国铸铁和铸钢的统一数字代号（ISC）索引。

本数字化手册可供钢铁铸造企业、使用部门，科研设计院所，经贸部门，合资或外资公司等的工程技术人员查阅，还可作为从事外贸、供销行业的人士的业务指南，并可供有关院校师生参考。

图书在版编目（CIP）数据

世界钢号数字化手册. 铸钢和铸铁/《袖珍世界钢号手册》编写组编；机电工程数字化手册编制组制作. —北京：机械工业出版社，2015.10
（机电工程数字化手册系列）
ISBN 978-7-111-53091-6

Ⅰ. ①世… Ⅱ. ①袖… ②机… Ⅲ. ①钢 – 型号 – 世界 – 技术手册 ②铸钢 – 技术手册 ③铸铁 – 技术手册 Ⅳ. ①TG142 – 62 ②TG143 – 62

中国版本图书馆 CIP 数据核字（2016）第 039377 号

机械工业出版社（北京市百万庄大街 22 号　邮政编码 100037）
策划编辑：张秀恩　责任编辑：张秀恩
版式设计：赵颖喆　责任校对：陈延翔
封面设计：马精明　责任印制：乔　宇
北京铭成印刷有限公司印刷
2016 年 4 月第 1 版第 1 次印刷
184mm×260mm · 2.25 印张 · 2 插页 · 48 千字
0001—1000 册
标准书号：ISBN 978-7-111-53091-6
　　　　　ISBN 978-7-111-89405-983-3（光盘）
定价：149.00 元（含 1CD）

凡购本书，如有缺页、倒页、脱页，由本社发行部调换

电话服务　　　　　　　　　　　网络服务
服务咨询热线：010-88361066　　机工官网：www.cmpbook.com
读者购书热线：010-68326294　　机工官博：weibo.com/cmp1952
　　　　　　　010-88379203　　金书网：www.golden-book.com
封面无防伪标均为盗版　　　　　教育服务网：www.cmpedu.com

前　言

　　铸造业是关系国计民生的重要行业，是汽车、石化、钢铁、电力、造船、纺织、装备制造等支柱产业的基础，是制造业的重要组成部分。中国是当今世界上最大的铸件生产国，但是在产品质量和档次方面，还远落后于发达国家。为了帮助广大从业人员能快速了解和掌握国际先进的铸钢和铸铁产品及其质量的发展动向，我们在机械工业出版社出版的《袖珍世界钢号手册　铸钢和铸铁》的基础上，开发出版了《世界钢号数字化手册——铸钢和铸铁》。

　　本数字化手册具有方便快捷的资料查询功能，可按目录查询、索引查询、搜索查询、数据表查询等方式，方便、快速地查到所需要的数据，缩短了查询数据所需要的时间，提高了工作效率。

　　在本数字化手册的制作过程中，对部分引自中国国家标准和行业标准的内容按照现行标准进行了修订，引自其他标准（日、韩、美、俄、德、英、法及中国台湾地区和 ISO 标准）的数据则取自《袖珍世界钢号手册　铸钢和铸铁》。对以数据为主的技术资料采用数据表资源的形式进行了加工整理，对于叙述类的技术资料则采用网页表资源的形式。用户通过数据表资源，能够完整地查看到数据的内容、备注等详细信息，并可进行精确查询，将所需要的数据以单行数据的形式导出。在数据表资源中显示的物理量符号，请用户参照"系统显示符号对照表"中的说明。

　　本数字化手册的使用说明基于 Windows7 系统编写。数字化手册在不同系统（如 WindowsXP、Windows7）下运行时，有些符号的显示不尽相同。例如：在 WindowsXP 系统下展开图标为 ⊞，折叠图标为 ⊟；而在 Windows7 系统下展开图标为 ▷，折叠图标为 ◢。又如：在 WindowsXP 系统下，"～""≥"等在数据表资源中显示为"～""≥"；而在 Windows7 系统下显示为"～""≥"。但是，以上这些并不影响各数据资料的正常查询与显示。

　　目前已出版的数字化手册有：《中外金属材料牌号和化学成分对照数字化手册》《金属材料规格及重量数字化手册》《实用五金数字化手册》《新编铸造技术数据数字化手册》《实用紧固件数字化手册》《实用金属材料数字化手册》《工程材料速查数字化手册》《机械工程金属材料手册（软件版）》《世界钢号数字化手册——不锈钢耐热钢和特殊合金》《世界钢号数字化手册——通用钢铁材料》《世界钢号数字化手册——机械和工程结构用钢》《世界钢号数字化手册——钢铁焊接材料》。

　　数字化手册的功能将进一步完善，内容也将及时更新，服务会长期进行。对于数字化手册中可能存在的错误，敬请用户不吝赐教，帮助我们使产品不断升级，满足用户需要。

　　本数字化手册是单机版，如需购买网络版请与我们联系。

　　客服人员：李先生；办公电话：010-88379769；QQ：2822115232。

机电工程数字化手册编制组

系统显示符号对照表

系统显示符号	标准符号	名　称
Rm	R_m	抗拉强度
Rmc，σdb	R_{mc}，σ_{db}	抗压强度
ReL	R_{eL}	下屈服强度
ReH	R_{eH}	上屈服强度
σd0.1	$\sigma_{d0.1}$	抗压屈服强度
Rp0.2，Rp0.1，Rp1.0	$R_{p0.2}$，$R_{p0.1}$，$R_{P1.0}$	规定塑性延伸强度
σtB	σ_{tB}	抗扭强度
σdB	σ_{dB}	抗弯强度
σaB	σ_{aB}	抗剪强度
σbW	σ_{bW}	弯曲疲劳强度
σzdW	σ_{zdW}	反压应力疲劳极限
σ0.1	$\sigma_{0.1}$	疲劳极限
KV，KU，KV$_2$，KU$_2$，KDVM	KV，KU，KV_2，KU_2，$KDVM$	冲击吸收能量
aK，αKu	a_K，α_{Ku}	冲击韧度
A，A5	A，A_5	断后伸长率，伸长率
Z	Z	断面收缩率
E	E	弹性模量
KIC	K_{IC}	断裂韧性
L0	L_0	原始标距
B	B	磁通密度
υ	υ	泊松比
f	f	挠度
H	H	磁场强度
w	w	质量分数
CE	CE	碳当量
d	d	直径
e，S0	e，S_0	壁厚

目　录

前言

系统显示符号对照表

第1章　系统安装与注册 ……………………………………………… 1

　1.1　运行环境及配置要求 …………………………………………… 1

　1.2　系统软件安装 …………………………………………………… 1

　1.3　启动数字化手册 ………………………………………………… 6

　1.4　数字化手册注册 ………………………………………………… 7

　1.5　系统卸载 ………………………………………………………… 10

第2章　系统功能简介 ………………………………………………… 11

　2.1　打开数字化手册 ………………………………………………… 11

　2.2　数字化手册窗口 ………………………………………………… 11

　2.3　数字化手册目录树 ……………………………………………… 13

　2.4　数字化手册索引 ………………………………………………… 14

　2.5　注释 ……………………………………………………………… 15

第3章　资源的使用和内容查询 ……………………………………… 17

　3.1　资源的使用 ……………………………………………………… 17

　3.2　内容查询 ………………………………………………………… 18

第4章　资源自定义 …………………………………………………… 23

　4.1　资源自定义管理 ………………………………………………… 23

　4.2　数据表资源自定义 ……………………………………………… 24

第1章 系统安装与注册

《世界钢号数字化手册——铸钢和铸铁》与许多 Windows 安装程序一样，具有良好的用户界面。用户按照以下步骤可以轻松地安装本数字化手册。

1.1 运行环境及配置要求

安装本数字化手册之前，需要检查计算机是否满足最低的安装要求。为了能流畅地运行此软件，用户的计算机必须满足以下要求：

1）主频 1GHz 及以上 CPU。

2）VGA 彩色显示器（建议显示方式为 16 位真彩色以上，分辨率 1024 × 768 像素及以上）。

3）250GB 及以上硬盘空间。

4）1GB 及以上内存。

5）16 倍速 CD-ROM 驱动器。

6）软件要求：简体中文 Windows XP/Vista/Windows7 及以上操作系统。

7）其他：Microsoft . NET Framework 3. 5 SP1。

1.2 系统软件安装

1. 第一个数字化手册的安装

在软件安装之前以及安装过程中，请关闭其他的 Windows 应用程序，以保证数字化手册的安装和运行速度。初次安装时的步骤如下：

1）在 CD-ROM 驱动器中放入本数字化手册的安装光盘。

2）光盘自动运行，显示初始界面，如图 1-1 所示。单击"安装"按钮即可进行安装。

如果本光盘无法在用户的计算机上自动运行，请打开本光盘的根目录，单击图标 setup 运行 setup 文件；或单击 图标进入初始界面，单击"安装"按钮即可进行安装。

图 1-1　初始界面

3）计算机提示是否接受安装". NET Framework 3. 5SP1"组件，如图1-2所示。

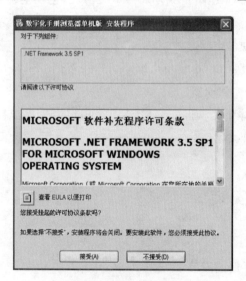

图 1-2　. NET 组件安装

在用户阅读协议内容并表示同意后单击"接受"按钮，显示"正在复制所需文件""正在安装. NET Framwork 3. 5 SP1…"等提示和图1-3所示的安装进度条。

图 1-3　安装进度条

如果用户的计算机操作系统已安装了 Microsoft . NET Framework 3. 5 SP1，则直接进入第4步。

4）安装完成后进入图1-4所示的"数字化手册浏览器单机版"安装向导。在用户阅读警告内容并表示同意后，单击"下一步"按钮。

图1-4 "数字化手册浏览器单机版"安装向导

5）进入图1-5所示的"选择安装文件夹"窗口。系统推荐的安装目录是"C:\Program Files(×86)\机械工业出版社\数字化手册浏览器单机版"，如果同意安装在此目录下，单击"下一步"按钮。如果希望安装在其他的目录中，单击"浏览"按钮，在弹出的对话框中选择合适的文件夹。根据具体情况选择浏览器是个人使用（单击"只有我"单选框）还是任何人使用（单击"任何人"单选框），然后单击"下一步"按钮。

图1-5 "选择安装文件夹"窗口

　　如果选择的是系统推荐的安装目录 C:\，而用户的计算机显示安装失败，则可将 C 改为 D 或其他分区，再进行安装操作。

　　如果第一次安装失败，在进行下一次安装时，系统会弹出"选择是否要修复或删除数字化手册浏览器单机版"窗口（见图 1-6），选择"删除　数字化手册浏览器单机版（M）"，单击"完成"按钮，删除此前的安装程序，然后再重新进行安装操作。

图 1-6　"选择是否要修复或删除数字化手册浏览器单机版"窗口

　　6）在图 1-7 所示的"确认安装"窗口中，用户可单击"上一步"按钮，返回上一步重新调整安装文件夹，或单击"下一步"按钮开始安装。

图 1-7　"确认安装"窗口

　　7）在安装过程中，安装向导显示如图 1-8 所示的安装过程，在此期间，用户可随时单击"取消"按钮取消当前的安装。

图 1-8　安装过程

8）数字化手册浏览器安装完成后，开始安装数字化手册（见图 1-9），显示数字化手册的安装路径，并验证安装包，将数字化手册解压到指定目录。

图 1-9　"安装数字化手册"对话框

9）当安装成功后，安装向导显示图 1-10 所示的"安装完成"窗口，提示用户系统已正确安装完成。单击"关闭"按钮，完成安装。

2. 多个数字化手册的安装

与其他常见的数字化手册不同，本数字化手册软件系统采用了"数字化手册

图 1-10 "安装完成"窗口

浏览器+数字化手册内容包"模式，即由一个称为"数字化手册浏览器"（以下简称浏览器，请注意不要与 IE 浏览器混淆）的应用软件来解释运行每个具体的数字化手册内容包，从而支持在同一台个人计算机上安装和运行多个不同的数字化手册。

在用户安装完一个数字化手册后，如果需要在同一台个人计算机上安装下一个数字化手册，其步骤为：首先，从安装光盘的根目录中复制扩展名为 .emp 的文件，保存在自己设定的文件夹中；然后，在已经打开的浏览器的工具栏上单击"打开"按钮，打开 .emp 文件，系统会自动完成数字化手册的解压、安装过程。

1.3 启动数字化手册

数字化手册安装完毕后，单击桌面左下角的"开始"→"所有程序"→"数字化手册运行平台"程序组下的"数字化手册浏览器（单机版）"；或者右键单击"数字化手册浏览器（单机版）"，选择"发送到"→"桌面快捷方式"，双击桌面快捷方式即可启动本数字化手册。

当用户第一次打开数字化手册时，软件系统将自动弹出如图 1-11 所示的"数字化手册注册"对话框，要求用户完成注册并取得合法使用数字化手册的权利。只有在完成注册和取得授权后，用户才能正常使用数字化手册。

图 1-11　"数字化手册注册"对话框

1.4　数字化手册注册

注册数字化手册的具体操作步骤如下：

1. 注册申请

用户可采用两种方式完成数字化手册的注册申请。

（1）文件注册申请方式（推荐）

1）在系统自动弹出的"数字化手册注册"对话框的"注册申请"选项卡（见图 1-12）中（如果该对话框被关闭，用户可单击工具栏上的"属性"按钮弹出"属性"对话框，单击"授权"选项卡，根据系统提示单击"立即注册"按钮重新打开"数字化手册注册"对话框），输入手册序列号、用户（单位）名称、联系人、联系电话、地址、E-mail 等信息。其中手册序列号、用户（单位）名称、联系人为必填项，办公电话和移动电话任填其一。信息应尽可能准确，以便接收客服人员提供的升级文件。

温馨提示：数字化手册的序列号在光盘的正下方，输入序列号时请注意区分大小写。否则，在授权时，系统会提示此序列号不存在等信息，从而导致无法授权，影响您的使用。

2）填写完成后，单击选项卡右下方的"申请"按钮，在随即弹出的"保存"对话框中，选择一个文件夹保存系统生成的注册申请文件（文件扩展名为 .req）。

3）用户通过电子邮件（2822115232@qq.com）或 QQ（2822115232）等网络通信工具，将注册申请文件发送给客服人员，向客服人员申请授权文件。由于数字化手册

图 1-12　"数字化手册注册"对话框的"注册申请"选项卡

的种类比较多，用户在申请授权文件时，请注明数字化手册的名称。

（2）手工注册申请方式　对因保密等其他原因不方便外发电子文件的单位或个人，用户可通过传真、书信等方式将手册序列号、机器码、用户（单位）名称、联系人、联系电话、地址、E-mail 等信息告知客服人员，向客服人员申请授权文件。

2. 完成注册

1）当用户收到客服人员发送的手册授权文件（文件扩展名为 .lic）后，运行数字化手册，在系统自动弹出的"数字化手册注册"对话框（见图 1-11）中，单击"注册"选项卡，然后单击"加载授权文件"按钮，加载授权文件（见图 1-13），再单击右下方的"注册"按钮，完成数字化手册的注册。

图 1-13　"数字化手册注册"对话框的"注册"选项卡

2）注册通过后，数字化手册浏览器将显示"注册成功"的信息提示，如图1-14所示，表示用户已取得授权，单击"确定"按钮，即可正常使用数字化手册

图1-14 "注册成功"信息提示

温馨提示：数字化手册的每一个授权文件是和计算机的机器码相对应的，用户如果需要在不同的计算机上进行安装，只需用同一序列号重新注册即可。请用户妥善保存好每一台计算机上数字化手册相对应的授权文件，一旦因其他原因需要重新安装系统时，只需重新加载授权文件即可。

3. 查看授权信息

对已取得授权的数字化手册，用户可单击工具栏上的"属性"按钮，在弹出的"属性"对话框中，单击"授权"选项卡，查看手册信息，如图1-15所示。如果需要，用户也可通过单击左下方的"更新授权信息"按钮，重新进行注册申请或更新授权文件等操作。

图1-15 查看授权信息

1.5　系统卸载

　　用户可通过单击桌面左下角的"开始"→"所有程序"→"数字化手册运行平台"→"卸载数字化手册浏览器（单机版）"来卸载已安装的程序；或通过"开始"→"控制面板"→"程序和功能"选中"数字化手册浏览器单机版"来卸载已安装的程序。

第2章　系统功能简介

2.1　打开数字化手册

当成功安装数字化手册后，用户通过单击桌面左下角的"开始"→"所有程序"→"数字化手册运行平台"→"数字化手册浏览器（单机版）"打开"世界钢号数字化手册——铸钢和铸铁"窗口，如图2-1所示。

图2-1　打开的"世界钢号数字化手册——铸钢和铸铁"窗口

如果在同一台计算机上安装了多个不同的数字化手册，用户可通过单击工具栏上的"打开"按钮，来选择打开某个已安装的数字化手册（在用户选择安装的文件夹Program Files(×86)\机械工业出版社\数字化手册浏览器单机版\data 中，选择需要打开的扩展名为 . em 的文件）。浏览器会记录用户最后打开的数字化手册，并在下次启动时自动打开该数字化手册。

2.2　数字化手册窗口

如图 2-2 所示，数字化手册窗口分为 4 个功能区域。

图 2-2　数字化手册窗口

1. 工具栏

以按钮的方式为用户提供各项命令入口。具体包括以下命令按钮：

1）打开：打开数字化手册。

2）后退：显示已打开的一个信息区的内容。

3）前进：显示已打开的下一个信息区的内容。

4）主页：跳转到数字化手册信息区的初始内容。

5）搜索：将导航区切换到搜索页。

6）收藏：将当前浏览器内容添加到收藏夹。

7）注释：打开或关闭注释区。

8）自定义：将导航区切换到自定义页。

9）属性：显示数字化手册"属性"对话框。

10）帮助：显示当前数字化手册的帮助文件。

11）退出：关闭数字化手册浏览器。

2. 导航区

导航区由以下 5 个功能页组成。

1）目录页 ：显示数字化手册目录树。

2）收藏夹页 ：显示收藏夹中的内容。

3）索引页 ：显示数字化手册索引查询文本框及索引条目。

4）搜索页 ：显示数字化手册搜索查询文本框。

5）自定义页：显示用户自定义资源目录树。

3. 信息区

信息区显示用户当前选择查看的手册内容。用户可在信息区进行资料查阅、公式计算、曲线取值和流程设计等操作。

4. 注释区

注释区为用户提供添加注释、删除注释以及查看注释等功能。

2.3 数字化手册目录树

数字化手册的内容结构是按照目录树方式进行组织的，当用户打开一个数字化手册后，浏览器将自动在导航区中显示该手册的目录树（见图 2-3）。

图 2-3 手册目录树

用户可单击目录树的展开图标 ▷ 展开文件夹，或单击折叠图标 ◢ 折叠文件夹；也可通过在目录树窗口中选中一个文件夹节点后，单击鼠标右键，在随即弹出的快捷菜单中选择"展开所有"或"折叠所有"，来展开或折叠所有的节点。

温馨提示：为方便用户使用，本数字化手册的目录、内容编排与机械工业出版社出版的《袖珍世界钢号手册—铸钢和铸铁》（ISBN 978-7-111-31990-0）基本一致。

1. 目录树节点类型

目录树的节点分为文件夹节点和资源节点。文件夹节点分别有展开和折叠两种状态，用户可通过单击相应展开或折叠图标来展开或折叠文件夹。资源节点代表一个具体的手册资源，手册资源有多种类型，可能是一个网页、一个数据表、一个公式，也可能是一个图像文件或曲线，每种类型的资源由不同的图标表示。当用户单击一个资源节点时，浏览器会自动根据该资源的类型，调用不同的资源运行器，在信息区展示该资源的具体内容。

2. 资源类型及图标

数字化手册中的资源类型由不同的资源图标表示，下表列出了数字化手册常见的资源类型及对应的图标。

数字化手册常见的资源类型及对应的图标

序　号	资源类型	图　标	作　用
1	网页		查看网页内容
2	数据表		数据查阅
3	公式		执行公式计算
4	曲线		曲线取值
5	设计流程		运行流程，进行工程设计
6	图像文件		查看图像

2.4　数字化手册索引

数字化手册索引是数字化手册内容结构的另一种组织形式，它按照中文拼音或表号排序列表显示手册所有的内容。

如图 2-4 所示，单击导航区左侧的"索引"页标，浏览器自动在导航区列出所有的按中文拼音或表号排序的手册资源，用户可直接选中一个条目使其在信息区显示。

用户对索引更有效的操作是通过输入文字对手册资源进行快速筛选。在图 2-4 所示的文本框输入文字时，浏览器会自动根据输入的内容快速对手册资源进行全文匹配动态筛选，只有包含输入文字的索引条目才会出现在列表中。通过此方法，用户可快速搜索和定位手册内容。

在此处输入文字

图 2-4 数字化手册索引

2.5 注释

在浏览数字化手册时，用户可以采用对指定窗口添加注释的方式添加客户数据，以便再次浏览该窗口时显示客户数据，方便阅读和记录要点。

对注释功能的所有操作都需要使用工具栏上的"注释"按钮，打开注释区（见图 2-5）后才能进行。

图 2-5 注释区

1. 添加注释

在注释区中，单击"添加"按钮，则可对当前正在浏览的内容添加一条注释。用户在内容列中填写具体的注释内容后，单击"保存"按钮即可对注释进行保存。一个内容可以添加多条注释。

2. 查看注释

在浏览过程中，只要用户打开了注释区，浏览器则会自动将当前正在浏览内容的注释显示在注释区中，以供用户查看。

3. 删除注释

用户在注释区选中需要删除的注释行，单击"删除"按钮即可删除注释，然后单击"保存"按钮进行保存。

第3章　资源的使用和内容查询

　　数字化手册提供了网页、数据表、公式、图像和曲线等多种资源，这些资源构成了数字化手册的具体内容。用户可利用浏览器提供的资源运行功能，通过操作和使用这些资源来实现辅助工程设计的目的。在此，仅介绍和网页、数据表资源相关的内容。

3.1　资源的使用

1. 网页资源的使用

　　数字化手册中的网页资源是通过浏览器内置的 Web 浏览器显示的。该浏览器除提供正常的 Web 网页显示功能外，还提供了禁止快捷菜单、禁止内容复制和另存等内容保护功能，以及网页的"刷新""放大""缩小"及"页面查询"等辅助功能，如图 3-1 所示。

图3-1　数字化手册中的网页资源

在内置 Web 浏览器工具栏上提供的功能简述如下：

1）刷新：刷新当前网页。

2）放大：将当前网页放大一级进行显示。注意，该项功能需要 IE7（及以上）版本的支持。

3）缩小：将当前网页缩小一级进行显示。注意，该项功能需要 IE7（及以上）版本的支持。

4）缩放比例：直接选择当前网页的缩放比例。

5）页面查询：在此文本框中输入查询文字。

6）查询：在当前网页中搜索查询文字并定位到第一个。

7）查询下一个：在当前网页中搜索查询文字并定位到下一个。

2. 数据表资源的使用

在图 3-2 所示的数字化手册中的"数据表"资源中，用户可查看到数据表的数据内容、备注以及附图。用户通过单击"备注及附图"即可打开或关闭备注或附图中的内容。

图 3-2　数字化手册中的"数据表"资源

3.2　内容查询

数字化手册的一个重要功能，就是帮助用户快速、准确地查询到所需的资料和数据。内容查询的方式主要有目录查询、索引查询、搜索查询和数据表查询。

1. 目录查询

目录查询是指按照数字化手册目录树，以多层级树形展开、折叠方式对手册内容进行查询。"目录"查询如图 3-3 所示。

图 3-3　"目录"查询

1) 启动目录查询：单击导航区的"目录"页标 ，在导航区中显示手册目录树。

2) 展开/折叠：可以通过双击的方法展开或折叠目录树中任何一个文件夹；也可单击展开图标展开一个文件夹，单击折叠图标折叠一个文件夹（在 Windows7 系统下，展开图标为 ；折叠图标为 ；在 WindowsXP 系统下，展开图标为 ，折叠图标为 ）。此外，用户也可在选中一个文件夹节点后，单击鼠标右键，在随即弹出的快捷菜单中选择"展开所有"或"折叠所有"，来展开或折叠所有的节点。

3) 显示内容：单击目录树区中任意一个资源节点，浏览器将自动在信息区显示该资源节点指向的信息内容。

2. 索引查询

索引查询是指按照手册资源标题文字排序的方式对手册内容进行查询，"索引"查询如图 3-4 所示。

1) 启动索引查询：单击导航区的"索引"页标 ，在导航区中显示手册所有的索引条目。

2) 索引筛选：在查询文本框中输入需要查询的关键字，浏览器自动根据输入的文字，快速对索引条目进行全文匹配动态筛选，只有包含输入文字的索引条目才会出现

图 3-4 "索引"查询

在列表框中。

3) 显示内容：单击索引条目区中任意一个条目，浏览器将自动在信息区显示该条目指向的信息内容。

3. 搜索查询

搜索查询是指在手册条目标题、注释以及数据表内容中对用户输入的关键字进行模糊匹配查询，帮助用户快速查找到感兴趣的内容。"搜索"查询如图 3-5 所示。

图 3-5 "搜索"查询

1) 启动搜索查询：单击导航区的"搜索"页标 ，在导航区显示搜索查询文本框。

2) 输入关键字：在查询文本框中输入需要查询的关键字。浏览器根据用户选择的查询范围在手册条目标题、注释以及数据表内容中对用户输入的关键字进行模糊匹配查询。

3）选择查询范围：浏览器默认只在手册条目标题中查询关键字，用户如果需要同时在注释或数据表内容中查询关键字，请选中"搜索注释"或"搜索数据表"复选框。

4）执行查询：单击搜索查询的"搜索"按钮，执行查询。浏览器将根据用户选择的查询范围对用户输入的关键字进行模糊匹配查询，并将符合查询条件的手册条目显示在查询结果列表中。

5）显示内容：单击查询结果列表中任意一个条目，浏览器将自动在信息区显示该条目指向的信息内容。

4. 数据表查询

数据表查询是指在一个已经打开的数据表中对数据表内容进行更精确的查询。"数据表"查询如图 3-6 所示。

图 3-6　"数据表"查询

1）打开数据表：采用前面提到的查询方法在信息区打开一个数据表，单击数据表中的"数据表查询"折叠按钮，打开数据表查询。

2）选择查询字段：在"查询字段"列表框中选择要查询的字段。浏览器自动列出该数据表中所有的字段，用户既可选择在某一个字段中查询，也可选择"［所有字段］"，在数据表所有字段中查询输入的关键字。

3）输入关键字：在"查询文本"框中输入要查询的关键字。浏览器根据用户输入的关键字在数据表中进行精确或模糊匹配查询。

　　4）选择查询方式：在"数据表"查询中选择"模糊查找"（默认）或"精确查找"方式。模糊查找是指只要数据表字段内容在任意位置包含有输入关键字的都认为是符合查询条件，精确查找是指只有数据表字段内容完全匹配输入关键字才被认为符合查询条件。

　　5）执行查询：单击"数据表"查询上的"开始查询"选项卡，执行查询。浏览器自动将符合查询条件的数据行显示在下方的列表区中。如果没有查询到任何符合查询条件的数据行，浏览器只清空列表区而不显示提示对话框。

列名	列值
牌号	302C25
Rm/MPa≥	480
ReL/MPa≥	240
A(%)≥	26
KV/J≥	—
冲击试验温度/℃	—
最终热处理	固溶处理 (1000~1100℃)

　　6）单行数据查看和导出：对任何出现在列表区中的数据行，用户均可双击鼠标左键弹出该行的数据查看对话框，完整查看该数据行的内容，并可将该行的数据以文本文件方式导出，如图3-7所示。

图3-7　"数据表单行数据查看"对话框

　　7）显示全部：查询结束后，用户可单击"数据表"查询上的"显示全部"选项卡，重新在列表区中显示该数据表所有的数据行。

第4章 资源自定义

数字化手册为用户提供了资源自定义功能。手册用户可利用该项功能创建和使用数据表、公式和曲线三种手册资源，从而建立起客户化的手册资源库，满足用户对数字化手册扩展性的需求。在此仅介绍有关数据表资源的创建方法。

4.1 资源自定义管理

1. 打开资源自定义管理

用户单击工具栏上的"自定义"按钮 $\boldsymbol{fx}$ 或直接单击导航区的"自定义"页标，即可在导航区打开"自定义"对话框（见图4-1），开始资源自定义操作或查看自定义的资源内容。

在"自定义"对话框中，浏览器以树形结构对自定义的资源库进行内容组织。顶级三个节点分别代表数据表、公式和曲线三种自定义资源类型，用户可在这些顶级节点下分别创建、维护以及查看相应的资源。

2. 资源自定义创建和维护

在"自定义"对话框中，用户选中一个节点后，单击鼠标右键，利用快捷菜单（见图4-2）进行资源自定义的创建和维护操作。

图4-1 "自定义"对话框

图4-2 "数据表"的快捷菜单

1）新建数据表：在当前位置创建一个数据表（或公式、或曲线）资源节点。

2）新建文件夹：在当前位置创建一个文件夹节点。

3）展开所有：展开所有自定义目录树节点。

4）折叠所有：折叠所有自定义目录树节点。

5）删除选择项：删除当前选择节点及该节点下所有的子节点项。

6）重命名：重新命名当前选择的节点标题。

4.2 数据表资源自定义

数据表资源的自定义通常采用两种方法：一种是手工设计开发，通过分别定义数据表结构和输入数据的方式来创建数据表；另一种是通过导入一个符合格式要求的Excel文件创建数据表。

1. 手工设计开发

（1）新增数据表资源 在"数据表"的快捷菜单（见图4-2）中，单击"新建数据表"，浏览器自动弹出"自定义数据表属性"对话框（见图4-3），用户可在该对话框中修改数据表名称。

图4-3 "自定义数据表属性"对话框

（2）定义数据表结构 单击"自定义数据表属性"对话框下方的"定义表结构"按钮，弹出"数据表定义"对话框的"数据表列定义"选项卡（见图4-4）。在该选项卡中，用户可通过单击对话框右侧的"添加""删除""修改""上移""下移"按钮来完成数据列的添加、删除、修改以及上下位置移动。不过，一旦数据表中已经输入了数据，则只能对数据列的显示名称和显示宽度进行修改，不能再增加、删除和上下移动数据列。

图4-4 "数据表定义"对话框的"数据表列定义"选项卡

数据表结构定义完成后，单击"保存"按钮进行保存。

（3）编辑数据表数据　当完成定义数据表结构后，单击"自定义数据表属性"对话框下方的"编辑表数据"按钮，弹出如图 4-5 所示的"数据表编辑"窗口。

图 4-5　"数据表编辑"窗口

在"数据表编辑"窗口中，用户可通过"追加新行""插入新行""删除当前行""上移当前行""下移当前行"等按钮，对数据表中的行数据进行新增、删除、上下移动等操作，并可输入数据表备注，添加、删除数据表附图等。

在该窗口中，用户也可将鼠标放置在列分隔线附近，左右拖动数据列分隔线来直接改变数据列的显示宽度。单击"保存"按钮进行保存后，数据录入窗口中的列显示宽度将会自动应用到数据表的浏览窗口上。

2. 从 Excel 导入

（1）启动 Excel 导入功能　有两种方式可启动 Excel 导入功能：一种方式是在"自定义数据表属性"对话框（见图 4-3）中，单击"从 Excel 文件导入"来启动 Excel 导入功能；另一种方式是直接在"自定义"对话框中，选择"数据表"顶级节点下任意一个已定义的数据表资源节点，单击鼠标右键，在快捷菜单中单击"导入 Excel"（见图 4-6），启动 Excel 导入功能。

如果当前数据表资源已定义了结构或数据，则系统会自动提示是否覆盖已有的结构和数据。

图4-6 已定义数据表的快捷菜单

（2）对 Excel 文件的格式要求 如图 4-7 所示，在 Excel 中的数据必须采用二维数据表的格式，并放置在第一个数据页（sheet1）中，二维表的第一行是数据列标题，其他非空行是数据行数据。如果最后行是数据表的备注内容，则需要在行开头加上"＜R＞"以进行标识。

钢 号①	C	Si	Mn	P≤	S≤	Cr	W	V③	其 他②
SKD 4	0.25~0.35	≤0.40	≤0.60	0.030	0.020	2.00~3.00	5.00~6.00	0.30~0.50	—
SKD 5(X30WCrV9-3)	0.25~0.35	0.10~0.40	0.15~0.45	0.030	0.020	2.50~3.20	8.50~9.50	0.30~0.50	—
SKD 6	0.32~0.42	0.80~1.20	≤0.50	0.030	0.020	4.50~5.50		0.30~0.50	Mo 1.00~1.50
SKD 61(X40CrMoV5-1)	0.35~0.42	0.80~1.20	0.25~0.50	0.030	0.020	4.80~5.50		0.80~1.15	Mo 1.00~1.50
SKD 62(X35CrMoV5)	0.32~0.40	0.80~1.20	0.20~0.50	0.030	0.020	4.75~5.50	1.00~1.60	0.20~0.50	Mo 1.00~1.60
SKD 7(32 CrMoV3-3)	0.28~0.35	0.10~0.40	0.15~0.45	0.030	0.020	2.70~3.20		0.40~0.70	Mo 2.50~3.00
SKD 8(X38CrCoWV4-4-4)	0.35~0.45	0.15~0.50	0.20~0.50	0.030	0.020	4.00~4.70	3.80~4.50	1.70~2.10	Mo 1.00~1.50 / Co 4.00~4.50
SKT 3	0.50~0.60	≤0.35	≤0.60	0.030	0.020	0.90~1.20		(≤0.20)	Ni 0.25~0.60 / Mo 0.30~0.50
SKT 4(55NiCrMoV7)	0.50~0.60	0.10~0.40	0.60~0.90	0.030	0.020	0.80~1.20		0.05~0.15	Ni 1.50~1.80 / Mo 0.35~0.55
SKT 6(45NiCrMo16)	0.40~0.50	0.10~0.40	0.20~0.50	0.030	0.020	1.20~1.50			Ni 3.80~4.30 / Mo 0.15~0.35

＜R＞① 括号内为引进的ISO 4957的原钢号。
② 各钢号的残余元素含量(质量分数)：Ni≤0.25%(SKS 5和SKS 51除外)，Cu≤0.25%。
③ 根据需要而加入的V含量用带括号的数值表示。

图4-7 Excel 文件格式

3. 数据表资源修改

（1）数据表结构修改 在自定义资源目录树选中一个要修改的数据表资源节点，单击鼠标右键，选择快捷菜单中的"定义表结构"启动修改数据表结构功能（见图4-6）。其中，如果该数据表已输入了数据，则只允许用户修改数据列的显示名称和显示宽度。

（2）数据表内容修改 在自定义资源目录树选中一个要修改的数据表资源节点，单击鼠标右键，选择快捷菜单中的"数据编辑"启动修改数据表内容功能（见图4-6）。